成均

cheng jun

穿越文字
拥抱灵魂

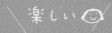

小小的幸福手作

Illustration & Text

YUZUKO

在平淡的日子里给予你
传达思念的礼物

百花洲文艺出版社
BAIHUAZHOU LITERATURE AND ART PRESS

我想给你的礼物，有很多很多。

本书介绍了日常生活中关于随心赠与友人小礼物以及赠送方式的创意。

至于赠礼，即便不是什么特别之物也 ok。

如果您能从中获取"赠予"时的愉悦，我也会感觉非常开心。

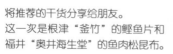

美味的干货袋

在密封袋上加一个提手，试着做成手提包风格吧。

将推荐的干货分享给朋友。
这一次是根津"釜竹"的鲣鱼片和福井"奥井海生堂"的鱼肉松昆布。

2 华丽的瓶装三重奏

在使用瓶子和圆筒形密封容器的时候，记得贴上标签或便签作为装饰哦。

分享礼物给朋友篇
（轻松而随意）

3 令人微微一笑的夹子卡片

加班辛苦了！
请用我推荐的这些小夹子稍稍放松心情吧。
不要勉强自己哦。

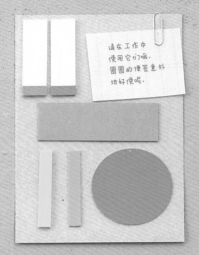

4

五颜六色的
便签集锦

若是便签颜色繁多，那么衬纸的颜色就要尽量朴素。也请试着讲究一下摆排方式。

5

让人渐渐放
松的艾灸

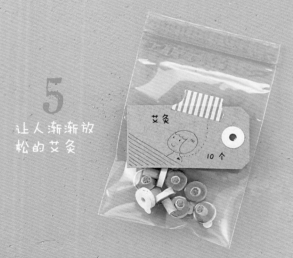

若是艾灸拥有极具个性的形状与色彩，那么请放在透明的袋子里，装饰为"供大家观赏"的样子。

给 NATSUKO

这是冬季的新鲜水果。

分享给邻居

**分 享 给 朋
友 圆 圆 的
水 果**

6

用附有留言的纸质卡片代替贴纸贴在外包装上，也是装饰的要点哦。

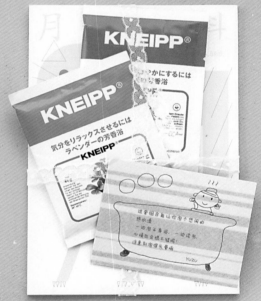

7

**清 爽 舒 适
的 沐 浴 时
间 套 装**

放在一起的卡片选择和赠礼相同的色系，会给人以纯净的印象。

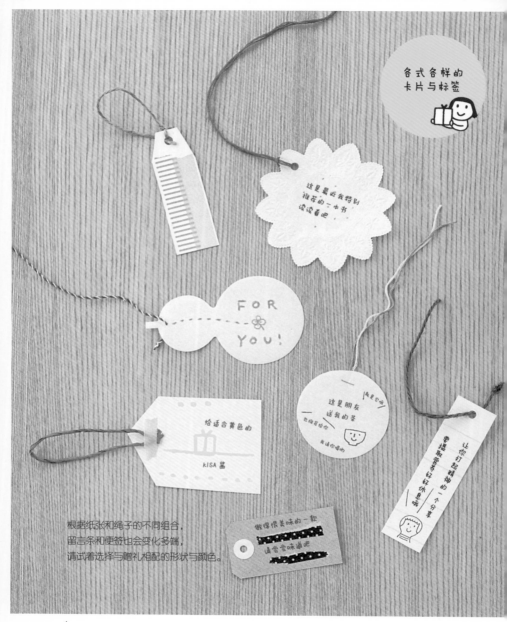

各式各样的
卡片与标签

这是最近我特别
推荐的一本书
请读看吧

FOR
➙❀
YOU!

这是朋友
送我的茶

给适合黄色的

KISA 酱

让你打起精神
的一个分享

做得很美味的一款
请尝尝味道吧

根据纸张和绳子的不同组合，
留言条和便签也会变化多端，
请试着选择与赠礼相配的形状与颜色。

一直以来四角形卡片都不错，
不过裁剪成自由形状的卡片也很可爱。
由于便签小小的，所以稍许装饰一下就好。
要点是不能过于繁复。

用这个来
包装看看

请在吃早饭时享用它吧

涂在面包上吧

这次用了布巾包装呢

（I）

明艳色彩的组合

用图案可爱的布巾来包装非常合适。
使用内里带有粘性离纸的布，不仅不容易起
皱，而且能漂亮地塑形。

2

美味的环形手提袋
颜色醒目的纸张与深色纸袋非常搭。
将纸裁剪成和礼物同样的形状，让人感觉
很开心。
作为零食尝尝哦！

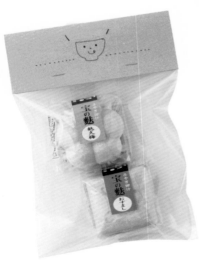

3

给双胞胎的清汤料包
将透明袋子用厚纸夹住封好，
很像杂货店的包装风格。

清汤料包组合，
给喜欢便当的YOKO酱，
搭配午饭享用哦。

4

给希望独自一
人享受一段悠
闲时光的朋友

5

慰劳的护
理组合

用剪裁成手掌形状的卡片搭配送给朋友的护手霜

使用气泡塑料膜包装时，能够窥见里面的赠礼，感觉很可爱。
背面随意用白色的牛皮纸胶带固定。

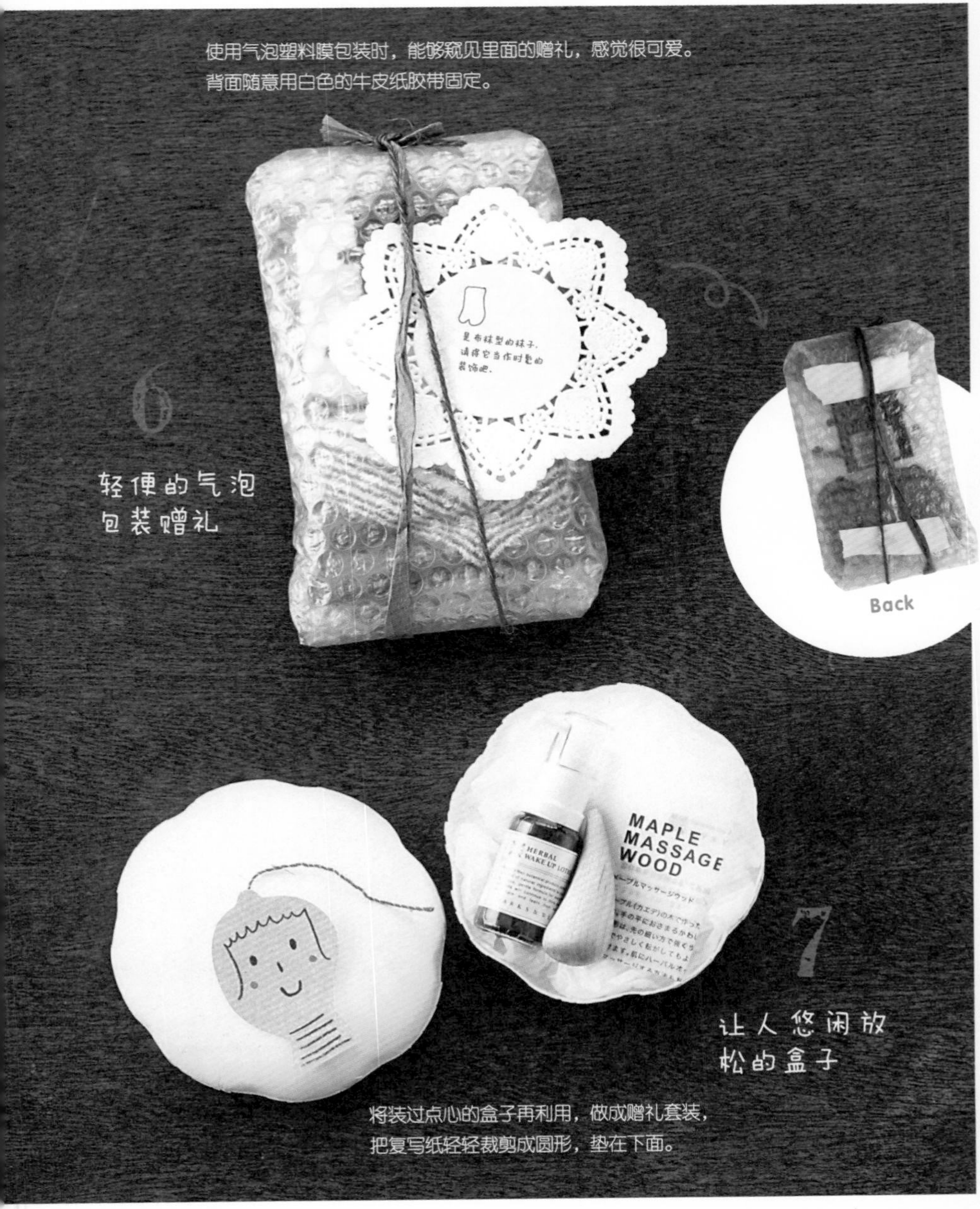

6

轻便的气泡
包装赠礼

Back

7

MAPLE
MASSAGE
WOOD

让人悠闲放
松的盒子

将装过点心的盒子再利用，做成赠礼套装，
把复写纸轻轻裁剪成圆形，垫在下面。

各式各样的包装用品

为了在想要去做的时候，立刻能开
始包装，从平日起就要收集材料。

◎ 刺绣用丝线

◎ 随时储备的喜欢的绳子

准备篇

身边的东西也攒起来

◎ 针线箱里剩下的纽扣

◎ 收到的礼物上附带的绳子

◎ 装饰胶带

◎ 书写用具
（白金万年笔 preppy、有色铅笔、三菱油性铅笔）

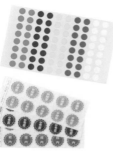

❀ 贴纸

❀ 笔记用纸、便签、单词本

❀ 布巾

❀ 标签

❀ 储物后剩下的空箱子

❀ 袋子（纸袋、信封、密封袋）

引言

在日常生活中，有时脑海中会忽然浮现起某人的身影。

在品尝美味的点心之时。

在一次性购入了喜欢的调味料之时。

在读完一本书，并渐渐为之感动之时。

在发现了奇奇怪怪却富有魅力的小物之时。

啊，想把这些都告诉那个人，想推荐给对方。

这些时刻，于我而言便是"赠与对方小小的礼物"的时机。

在这样的日子里，抱着并没有什么特别的心情，将想要轻松地若无其事送出的礼物，连同你的心意一块儿寄出吧。

目录

第1章 利用身边的素材，进行可爱的搭配　包装篇…001

photo page
直到完成赠礼的制作…038

第2章 正因为是我喜爱之物 所以也希望你能使用它
礼物分享篇…047

第1章

利用身边的素材，进行可爱的搭配

包装篇

虽说觉得像那家店一样，用华丽的方式
包装礼物很不错，但我觉得随心所欲地
手工包装也很好。
纸，绳子，袋子，
试着探寻一番可供包装的素材，
房间里意外地多呢。

LET'S
ENJOY!

将礼物亲手交给朋友，说着"送给你"的时候，
希望对方会欢欣又雀跃。
因为是平日里常用的物品，
所以只需稍微装饰一下。
这是与轻松小礼相配的包装方式，
重要之处是维持外在与内里的平衡。

虽说包装方式与往日相同，但只需用绳子绕一圈，给人的印象便迥然不同。

若是改变绳子的素材和颜色，那么组合时也会感觉很快乐。

使用这样的绳子：

● 普通的麻绳 ●

即便不特意去买，各种礼物的外包装上也会附带的麻绳。

适合装饰有图案花纹的外包装。

● CINQ 的绳子 ●

有各式各样的颜色和粗细规格。我偏好不过分甜美的棕色配白色，用它就能好好包装一番。

● 店里的礼品带 ●

要避免使用印有店铺名的带子，可利用天鹅绒或不过分华丽的缎带、蕾丝等。

● 刺绣用丝线 ●

拥有各种漂亮的颜色，让人不由自主地就想拿在手里。

通常我不会区分颜色不同的丝线，而是直接把六种丝线搓成一股使用。

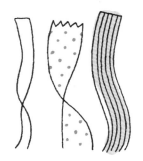

● 打成十字结 ●

也可以将某一边的绳
子打得长一些，试着用贴
纸贴上固定。

只需改变打结的位置，礼物便能
拥有各种不同的表情。

● 以直线打结 ●

将不同颜色的
绳子组合起来，打
成一个结。

只需稍微挪动
一下绳子的位置，
就会产生变化。

● 在顶端打结 ●

这是与瓶子或圆筒形
礼物相得益彰的打结方式，
也很适合将松软的礼
物轻轻地包起来。

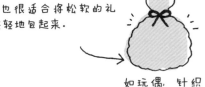

如玩偶、针织
物等。

将不同的绳子或是与绳子很搭配的包装小物组合起来。

不同的绳子

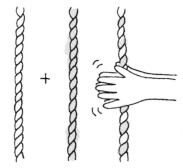

将颜色各不相同的绳子用手搓成一股，试着制作一款原创的包装绳吧。

当发现了令人意外的色彩组合，就会觉得很开心。

玻璃珠·纽扣

用它们给绳子做稍许的装饰

用绳子串起来，作为礼物外包装的点缀。

来试着找找看针线箱里剩余的备用纽扣吧。

开孔较小的纽扣，需要用细绳串，比如将三根丝线搓成细细的一股再串起来。

用丝线串一颗纽扣

用丝线将珠子串起来

纸 就像熨斗纸一样，将纸和绳子一起卷起来

这是基本型
有色彩或图案的包装
+
白色的纸（日本纸较为粗糙的那面，和纸，复写纸）
+
绳子的组合是最简单的方式

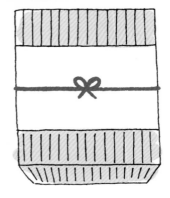

细长的纸

在白色或纯色的包装上搭配色彩明艳的纸＋绳子

选择与基础型的色彩相反的颜色

长久以来，谢谢你

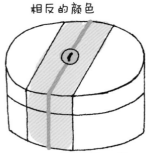

瓶装的礼物上也能使用

刻意不去包装，只用纸＋绳子的组合就很可爱

蕾丝纸也能运用类似的方法

在包装易碎物品或是有缓冲设计的气泡信封里放入它。

我经常在包装礼物时使用，比如会往放置礼物的纸箱里塞入很多气泡塑料膜。

虽说它很轻盈，但也有些占用空间。

有一种气泡信封是将信封和气泡塑料膜轻易区分开的设计，利用起来很是方便。

因为设计成袋状，包装礼物也很轻松，还能将原本用来装礼物的气泡信封里的气泡塑料膜进行二次利用。

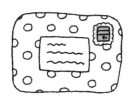 

对于不那么严肃的书信往来，可以直接像这样将绳子绕一圈，贴上标签寄出去。

这样就能代替包装纸。

最近也有一些气泡塑料膜设计成棕色或粉色等漂亮的颜色呢。

稍稍花一点心思

● 用来固定
包装的小物

用醒目的胶带啪地贴上去,
无论是简洁的白色还是有图
案的牛皮纸胶带都行.

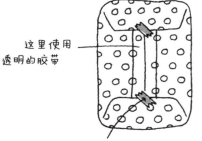

这里使用
透明的胶带

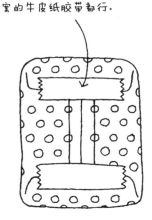

再用颜色漂亮的装饰胶带
或贴纸添加可爱的细节.

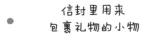
信封里用来
包裹礼物的小物

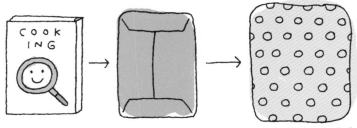

用颜色漂亮的纸将赠给朋友的书本包起来, 再用透明的气泡塑料膜包
一圈, 里面的颜色便会透出来.

找一下会意外地发现原来家里有各种各样的纸。
像这样去使用的话，它们登场的机会就会大增。
当然，使用专门买来的包装纸也 OK。

推荐这样的纸张

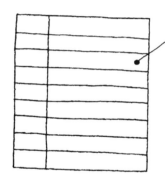

留言本 * 笔记本

特别推荐使用线格的颜色
是蓝色或红色，而本子的纸张
略呈奶黄色的这种。

拥有质感的纸张

和纸或稻草质日本纸
以及复写纸等
当需要包装小礼物的时候
我偏爱使用无印良品的涂
鸦本（B5size）

如果要对包装纸进行二次利用

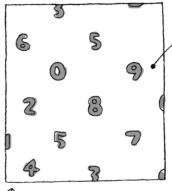

推荐使用不易识别特定店铺的纸

最好避开印有店名的包装纸
使用印有圆点或条纹等图案的常规款
另外，海外纪念品的包装纸也很时髦且
方便.

↑ 中意的 "SOU.SOU" 包装纸

外包装很简单

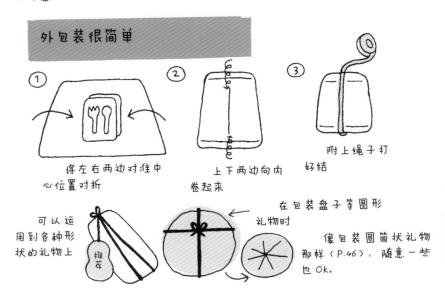

① 将左右两边对准中心位置对折

② 上下两边向内卷起来

③ 附上绳子打好结

可以运用到各种形状的礼物上

推荐

在包装盘子等圆形礼物时

像包装圆筒状礼物那样（P.46），随意一些也 Ok.

打了孔且大小合手的单词本是制作
标签的便利素材

首先像这样

单词本的常规形状是
这样的
　简直就是现成的标签
形状！

如果喜欢,
请使用它哦

这里用上绳
子和刺绣用
丝线

封面
的牛皮纸
也要用上

尺寸稍大的单词本非常便于剪裁

● 能够书写出富有表情的文字的笔 ●

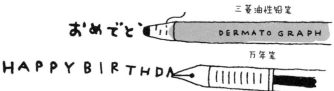

おめでと

三菱油性铅笔

DERMATO GRAPH

HAPPY BIRTHDA

万年笔

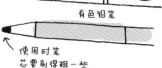

祝! 合格!!

有色铅笔

↑
使用时笔
芯要削得粗一些

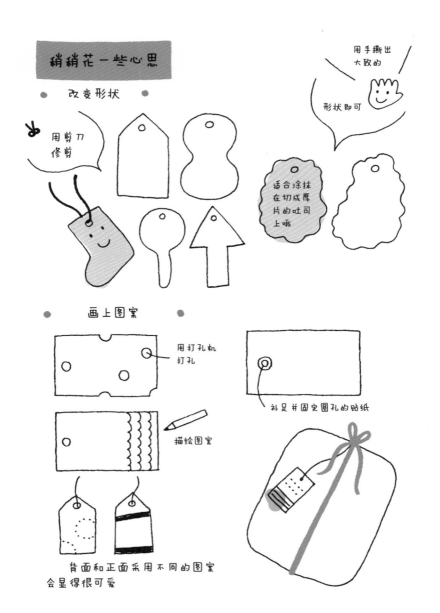

稍稍花一些心思

● 改变形状 ●

用剪刀修剪

用手撕出大致的

形状即可

适合涂抹在切成厚片的吐司上哦

● 画上图案 ●

用打孔机打孔

描绘图案

补足并固定圆孔的贴纸

背面和正面采用不同的图案会显得很可爱

除了单词本，利用身边现有的小物也能制作出各式各样的留言条

固定绳子的各种方法

除了打孔机，还可以利用锥子和针来打孔，直接用订书机固定绳子也 Ok

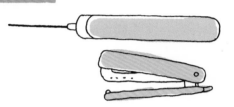

纸

厚纸

来喝一杯吧

和纸

带图案的纸

用手撕出来的形状会具有更加丰富的表情

喜欢的包装纸或直接从外包装箱子上剪下来的都 Ok

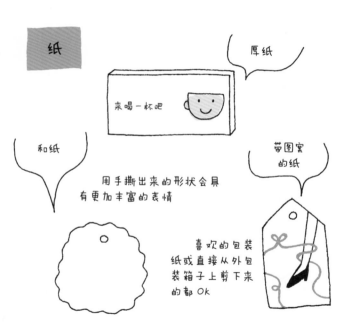

蕾丝纸

纸质杯垫

阅读时
用用看

小尺寸的可直接使用
尺寸较大的可剪裁后使用

最好用没有花色的杯垫
如此大小的做成标签也很
可爱

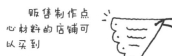

贩售制作点
心材料的店铺可
以买到

布

利用零碎或多余的布料。
虽说用剪刀剪裁也不错，但如果是
手帕那种质地的布料，
用手就能撕开。

用订书机
将绳子固定

添加留言时，
用有色铅笔或圆珠笔，
以及制作手工艺品时会用到的粉笔
来书写，
不怕字迹晕染。

无论是亲手交给对方，还是邮寄，
也请记得附上一句满含心意的赠言。
只需这样一个小小的举动，就会让礼物变得
个性十足。

分享给你

像P30-P33那样在便签上添上一句话就可以了。

GOOD
❀
LUCK

おすそ
わけ

THANK
Y☺U !!

这是我最近很喜欢
的回形针
送给爱好收集
文具的 SUMIRE 酱

YUZU

这是
来自我家
乡的味道
如果
合您口味
我很
开心
YU

稍显正式的感觉

将留言条装入信封寄给对方
会给人稍显恭敬的感觉

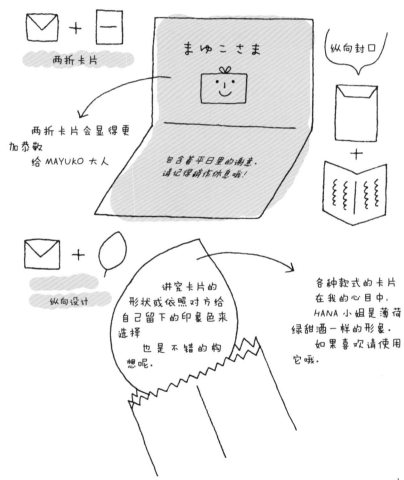

两折卡片

两折卡片会显得更
加恭敬
给 MAYUKO 大人

まゆこさま

包含着平日里的谢意，
请记得稍作休息哦！

纵向封口

纵向设计

讲究卡片的
形状或依照对方给
自己留下的印象色来
选择
也是不错的构
想呢。

各种款式的卡片
在我的心目中，
HANA 小姐是薄荷
绿甜酒一样的形象。
如果喜欢请使用
它哦。

总会派上用场的密封袋拥有丰富的种类和广泛的使用方式。

不限于寄送食物，来试着灵活地运用它吧。

假设有以下三种

常备的有大·中·小三种

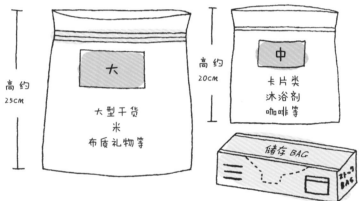

高约
25CM

大

大型干货
米
布质礼物等

高约
20CM

中

卡片类
沐浴剂
咖啡等

储存BAG

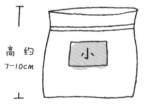

高约
7-10CM

小

收纳积少成多的小物件，适合使用小号尺寸。

因为意外地有不少机会和朋友分享一些细碎小物，所以使用它很便利。

小号尺寸的密封袋在文具店即可买到。

不过不适宜长期保存食品类。

调味香料类

回形针

邮票

各种使用方式

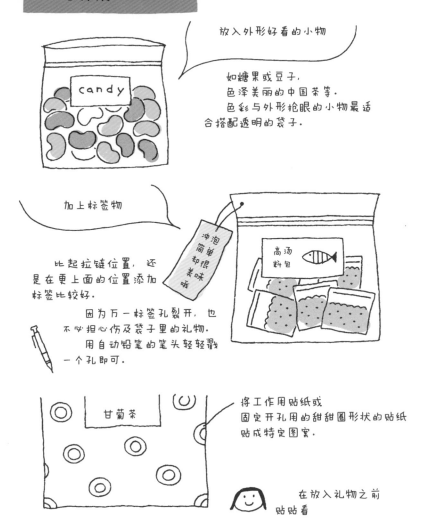

放入外形好看的小物

candy

如糖果或豆子，
色泽美丽的中国茶等。
色彩与外形抢眼的小物最适
合搭配透明的袋子。

加上标签物

冲泡简单却很美味哦

高汤料包

比起拉链位置，还
是在更上面的位置添加
标签比较好。

因为万一标签孔裂开，也
不必担心伤及袋子里的礼物。
用自动铅笔的笔头轻轻戳
一个孔即可。

甘葡茶

将工作用贴纸或
固定开孔用的甜甜圈形状的贴纸
贴成特定图案。

在放入礼物之前

贴贴看

没有花色的纸袋果然很便利。

在私人经营的杂货店里购物时，有很高机率入手这种袋子。

用它包装礼物时，可稍微进行一些装饰。

形状各异的袋子

如果袋子上贴着店铺标签，可撕掉标签进行二次利用。

提手固定款

小袋款

祝贺い

大手提包型

横长款

用来放瓶装酒的款式

对于没有提手的纸袋和信封来说，可自由搭配装饰。

还能享受和有提手的纸袋组成套装的混搭效果。

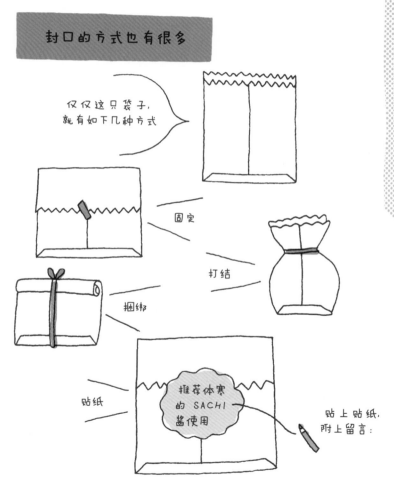

封口的方式也有很多

仅仅这只袋子，就有如下几种方式

固定

打结

捆绑

贴纸

推荐体寒的 SACHI 酱使用

贴上贴纸，附上留言：

升级部件

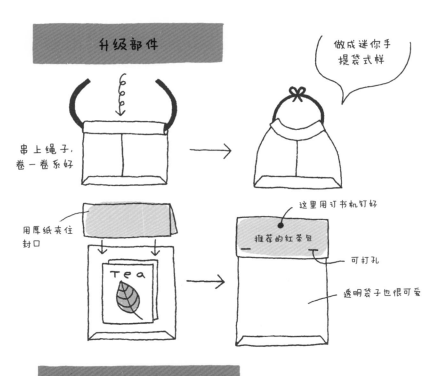

串上绳子，
卷一卷系好

做成迷你手
提袋式样

用厚纸夹住
封口

这里用订书机钉好

推荐的红茶包

可打孔

透明袋子也很可爱

Tea

这样的二次利用也 Ok

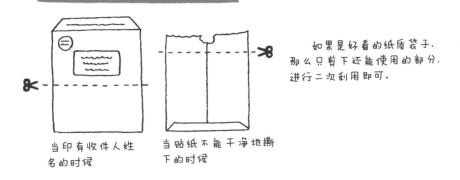

如果是好看的纸质袋子，
那么只剪下还能使用的部分，
进行二次利用即可。

当印有收件人姓
名的时候

当贴纸不能干净地撕
下的时候

和手帕. 风吕敷一样, 如果将布巾也作为包装道具来使用, 能营造出难得的良好外形。

长久以来, 我都是将布巾灵活运用于此道, 包装分享给朋友的美食或赠礼。

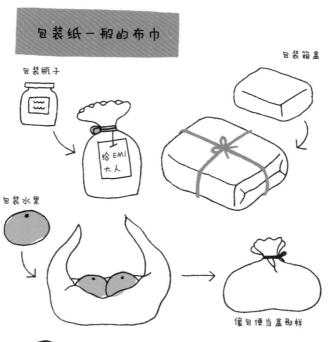

包装纸一般的布巾

包装瓶子

给EMI大人

包装箱盒

包装水果

像包便当盒那样

要点是不使用胶带, 用绳子直接系好。

它不像包装纸那样规规整整, 而具有自然的松弛效果, 这一点很不错。

另外也不必在意表面的皱痕。

让人稍稍窥探一番

餐具类

在新年使用吧

香草或调味香料类

高瓶

· · · COLUMN · · · · · · · · · · · · · · · · ·

推荐使用白雪布巾

　　首先它非常好使, 其次让人着迷的是它很棒的图案设计. 不由得想要把它们全都收集起来.

　　从以花朵为灵感的款式到以童话故事为蓝本而绘制的款式应有尽有, 富于变化.

　　可在贩售生活类杂货的店铺买到.

尤其喜欢四叶草图案.

就这样直接作为礼物送给朋友,

对方也会很开心.

由于不够心灵手巧，所以能做出来的包装大概只有三种类型。

之后便是改变素材、颜色、包裹礼物会用到的小物件，做出些许变化。一开始，建议使用不易起皱的气泡塑料膜或是以皱纹为特色的结实和纸来包装。

准备好的纸张会用来包下面几样东西：

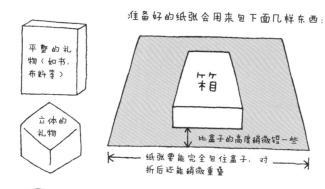

平整的礼物（如书，布料等）

立体的礼物

比盒子的高度稍微短一些

纸张要能完全包住盒子，对折后还能稍微重叠

①将盒子表面朝下放置，纸张朝上包裹住。

②将面前的纸沿着盒子边沿往下翻折。

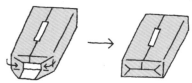

③将左右部分往内折，再将下面的部分折上去。这时大概在盒子中心部位，将它插入内侧，固定好。

④另一侧也用同样的方法，完成！

立体的礼物
部分

包装方式基本如左页所示，若是易碎物品等需要轻拿轻放的情况，使用下面这种风吕敷包装方式比较便利。

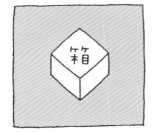

面向包装纸，转动90度后放好盒子，纸张的四角在盒子顶部重合时，最好能盖过中心部位，向内延伸些许。

①把盒子放在纸张中间位置，从面前的一角开始内折。

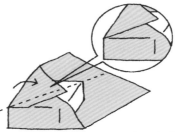

②将左侧一角折上，沿点线向内翻折。折过的角不超出盒子原本的大小，效果会很好看。

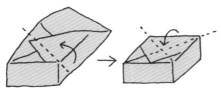

③右侧一角如②折法。内侧一角朝向面前折下，左右两侧分别向内侧对折，最后让四个角集中于中心部位。

④完成！在最上面的一角两侧用装饰胶带固定，或者在上面贴一张贴纸也 OK。

*正式的包装方式请参阅其他专业包装书籍。

筒状
礼物

茶罐、罐头等筒状礼物参考下述
包装方式。

若是茶罐粗细的筒状物，不管圆
筒高低，均能包住。

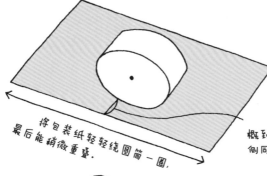

将包装纸轻轻绕圆筒一圈，
最后能稍微重叠。

向内翻折，长度大
概到达底部的圆心。对
侧同理。

保持基本
一致的模样。

①裹好圆筒，固定

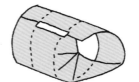

②沿筒盖将纸张向圆心
对折。

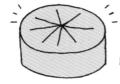

③在圆心部位用胶带固定或简单固定后
用绳子绕一圈。

保持一侧稍长，将绳子
打结系好也很可爱。

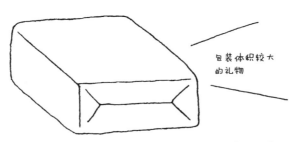

包装体积较大
的礼物

若是礼物较大，即便包得再好，看上去也稍显不足。
这时候，让我们改变一下惯性思维，做些许加工。

将绳子或礼品
带做得粗一些。

标签也做得大一些。

采用
稍宽的礼
品带或色
彩能给人
冲击力的
绳子等。

杯垫

蕾丝纸

包装两次（里面用色彩华丽的纸张，外面用透明的纸张）

均采用相同的包装方式，
无须直接窥见里面纸张的颜色，
隐约可见就好。

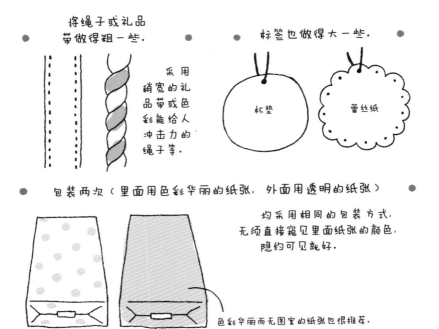

色彩华丽而无图案的纸张也很推荐。

除了固定外包装，
　　写上收件人姓名，附赠一句留言等也是很好的装饰方法。
　　而"贴上的小装饰"是包装礼物时知名的小配角。

标签

ML-10
マイタック®ラベル

最爱的是它
NICHIBAN

我的无图案标签
50mm × 75mm
15 张（30 片）入
210 日元

很美味,
推荐!

改变标签
的形状

给 SATOMI 大人
YUZUKO 敬上

用胶带或铅笔
绘上装饰线条

さま

像这样直接写上收件
人姓名

给 HARUMI 小姐
这是分享给您的应季礼物.

WECK

若是说到可爱的标签，大概要算"WECK"旗下的了。
　　在贩售 WECK 瓶子的日用杂货店铺能买到。

各式各样轻轻贴上的小装饰

便签　一点点地赠给朋友各式各样的小礼物时.

这是最近我喜欢
的巧克力!

我刚结束了一趟
当日往返的小旅
行呢

豌豆果子
100g

如果逐一附上简明扼要的说明,
那么朋友收到礼物时的雀跃感也会递增呢.

装饰胶带

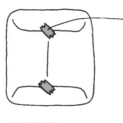

基本上用于简单的固定.
虽说多用来作为外包装的点缀,
但也有下面这种使用方式哦.

酱油
海味煮

用装饰胶带替代标签.
　不仅容易撕下, 而且不会在瓶
身留下痕迹, good.

纸袋和包装纸，盒子与绳子……
想着"说不定会派上用场"，于是收藏起来，
不知不觉间已经积累了庞大的数量。
巧妙地筛选一番然后保存吧。

纸类用品

尺寸较大的卷成筒
状，竖着存放。

尺寸较小的放入透明
文件夹里收藏。

平日仅仅只
是浏览一下它
们，都会觉得赏
心悦目。

零碎物件

将细绳、标签、纽扣和贴
纸用罐子或小盒子装在一起。
数量增多后，分门别类存
放即可。

箱盒类

配合自己的使用倾向，筛选需要保存的箱盒。
通常我保存的都是无花色图案的箱盒。
因为便于进行各种装饰组合。

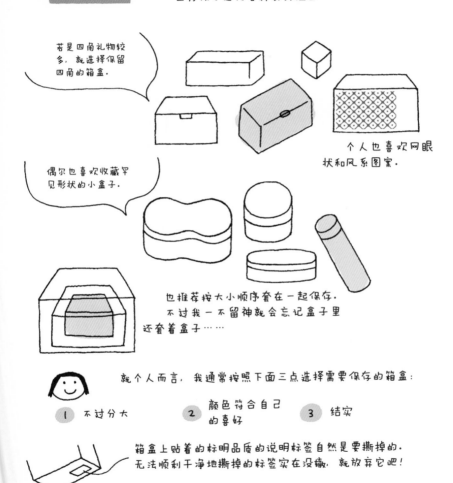

若是四角礼物较多，就选择保留四角的箱盒。

个人也喜欢网眼状和风系图案。

偶尔也喜欢收藏罕见形状的小盒子。

也推荐按大小顺序套在一起保存。
不过我一不留神就会忘记盒子里
还套着盒子……

就个人而言，我通常按照下面三点选择需要保存的箱盒：

1 不过分大 2 颜色符合自己的喜好 3 结实

箱盒上贴着的标明品质的说明标签自然是要撕掉的。
无法顺利干净地撕掉的标签实在没辙，就放弃它吧！

收到后令人感觉开心的赠礼

贺礼篇

① "野的花"花艺作品

令心绪平静

在我首次出版自己的书时，收到了责任编辑寄来的花篮，是编辑从"野的花"公司订购的。

说是花篮，却由于它华丽奢侈的印象实在太过强烈，而让我大吃一惊，原来花篮也能拥有如此表情呢。

尽管只是一件小小的赠礼，我依然为温柔又温暖的"野的花"独有的魅力所折服。装饰在房间里，面对它柔和的存在感，我会不由自主地微微一笑。从那以后，我也会将这种花篮用作赠给亲近之人的礼物。

② 妹妹般的陶器

随时都能与
她四目相对。

这是自己某年过生日时收到的陶质杯子。

"我觉得它和 YUZU 酱很配。"对方这样想着,于是为我选择了这款杯子。

她是个留着河童发型的女孩子,一眼看去莫名让人产生亲近感。从那时起,这杯子便成为了我中意的物件。

由于不同的人对器皿有不同的偏好,所以作为礼物挑选它们时我常常犯难。

不过,觉得某款器皿在某处细节上与赠送对象拥有相似的特质,或是散发着近似的气息,这种观点本就很有意思,拿在手上不由得会想起自己,这一点也令人有些开心。

就如同,自收到的礼物里涌出的某种恋恋不忘。

我的赠礼日历·友人篇

● 新婚贺礼

最近数年，真是令人吃惊的结婚热潮。

询问了对方的心愿后赠送礼物的情况固然也有，对于那些用贺年卡或明信片通知我的友人，我通常会送给他们自己挑选的礼物。

若是双方均在工作，十分忙碌，我会按照对方的生活节奏挑选杂志《dancyu》的礼物清单寄过去，以确保对方能收到。

此外经常赠送的是大尺寸的器皿。因为这是我入手后十分珍惜的宝物。另外我还喜欢款式简洁但形状好看的出西窑的器皿（购物篇会介绍），因此也经常购买。

● 弄璋 / 瓦贺礼

朋友们当上爸爸妈妈的情况也渐渐多了起来。

赠送弄璋/瓦贺礼的重要一点是，良好的触感。其中，作为襁褓赠与朋友的棉质毛巾被，通常大家都非常爱惜。听友人这么说后，我便经常选择它作为礼物。午睡时或者推着婴儿车外出时都可以盖着它。在孩子 2 ~ 3 岁期间，它常常派上用场，非常实用。

装在这样的木箱里
寄到朋友手里.

另外能轻松地放水清洗一番也是选择它的要点。像这样对于我送的礼物，朋友们告诉我"是这样在使用哦"，是非常具有参考价值的。

此外，送给刚生完小孩的妈妈的礼物中，还有包含着"辛苦了""恭喜"等慰问心情的小点心。像 Le Risa 生产的"无添加烘焙点心 Le Risa"饼干，

不仅对身体有益，还非常美味，友人收到
后会相当开心。

　　不过，借为朋友挑选礼物的名义去
购物，不知不觉就会连自己的那一份也
买了……

喜欢"粹硬 kisara"棉质毛巾被的
细密针脚

● **探病礼物**

　　不仅是在身边的朋友感冒生病时，在他们陷入情绪低谷，或者烦恼忧虑，
没有精神的时候，我便想送一些什么给他们。不过通常会为不知道送什么好
而苦恼发愁。

　　通常我送的都是食品类的礼物，对于知悉其喜好的关系亲近的朋友，我
也会送书给他们。正因为是亲近的朋友，所以才觉得送这样的礼物也会合适。

　　经常选择的是轻松的散文或游记、漫画。一般会迎合对方当时的状态及
其喜好选出合适的数本。

　　在留言里也会写上，我是按照这样的心情和主题挑选的哦。即便对方收
到并阅读之后，不能直接解决自身烦恼，总归心情会轻松一些，我便是本着
这样的初衷挑选书籍。

以放松心绪为主题，挑选
了两册关于植物的书

直到完成赠礼的制作——比较不错的超市代表 成城石井篇

若是购买日常生活中的小小赠礼，那么超市是我们的不二之选。

今天在我最喜欢的超市成城石井挑选礼物。

无论是在超市选购，还是在家里包装礼物，都令人感到快乐。

下面便为您介绍我如此度过的一天。

SUPERMARKET
成城石井

平日里常去的超市虽说也不错，但来到品质高级的超市总觉得心情雀跃。

1

这个也为自己买一份好了。

2

TAKESANFOODS
不知道好不好吃呢

3

那个意外地适合赠礼呢，也很易于日常保存。

田原缶诘
铫子田原蒲烧

CHOSHI TAHOKABAYAKI

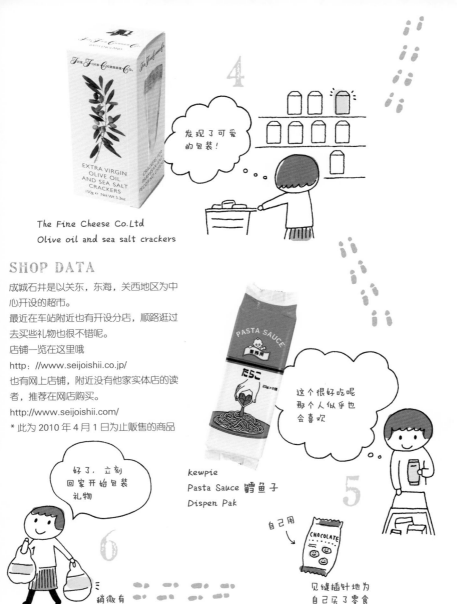

4

发现了可爱的包装！

The Fine Cheese Co.Ltd
Olive oil and sea salt crackers

SHOP DATA

成城石井是以关东，东海，关西地区为中心开设的超市。

最近在车站附近也有开设分店，顺路逛过去买些礼物也很不错呢。

店铺一览在这里哦

http://www.seijoishii.co.jp/

也有网上店铺，附近没有他家实体店的读者，推荐在网店购买。

http://www.seijoishii.com/

* 此为 2010 年 4 月 1 日为止贩售的商品

这个很好吃呢
那个人似乎也会喜欢

kewpie
Pasta Sauce 鳕鱼子
Dispen Pak

5

好了，立刻回家开始包装礼物

6

自己用

见缝插针地为自己买了零食

稍微有些重

买了这些东西

依照需要赠送的对象，购买了下面的礼物

给喜欢亚洲风料理的前辈

❶ 亚洲风组合

茉莉花茶 + 泰式甜辣酱 + 米纸

* 包装素材 = 寿司店外卖用的圆点图案的塑料纸

给最近开始一个人住的朋友

❷ 中意的意面组合

有机意面 + 鳕鱼子酱 + 蔬菜清汤包

* 包装素材 = 气泡塑料膜 + 绳子

给忙碌的前辈

❸ 在家也能悠闲品尝的酒类组合

橄榄油饼干 + 罐头 + 酱油海味烹

* 包装素材 = 纸袋 + 色纸

来包装礼物吧

先包装 1 的礼物

1 将塑料纸对着礼物旋转 90 度，自中间起的上半部分放置礼物，与下半部分的塑料袋重合系好下面的两个角。

2 顶部也要将左右两边系起来，整理成手提包的形状。

3 大功告成啦！

来包装礼物吧

包装 2 和 3 的礼物

将礼物放入纸袋。用色纸夹住纸袋口，用订书机固定。
注意不要将礼物也一并钉住了。

打开气泡塑料膜，将礼物的包装背面放在塑料膜下，整理塑料膜，使之左右相合，再用透明胶带固定。将塑料膜下部往上翻折，以白色装饰胶带固定。

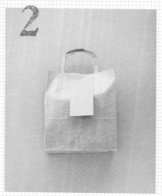

将纸袋两侧部分往内整理，完成。

顶部用绳子一圈圈缠绕起来并固定。若使用如图所示的细绳，那么缠绕六次便会十分存在感。整理好缠绕后的绳子末端，完成！

我中意的店铺

这里介绍几家喜欢的店铺，不但可以购买礼物，还会忍不住为自己买一件又一件呢。

此外，在商店购物自不必说，坐在家里也很适合挑选礼物呢。

* 每件商品的详细说明，请参考括号内的具体页码。

Spiral Market

推荐要点
- 从常规到创意商品，数量众多且品味优良
- 也有卡片和包装用的素材商品

可随身携带的四叶草（P99）

手帕（P100）

助眠香氛（P103）

SHOP DATA

东京都港区南青山 5-6-23 Spiral Market 2F

03-3498-5792

http://www.spiral.co.jp/f_guide/market/

* 另外在横滨也有分店

web shop：http://store.spiral.co.jp/

中川政七商店
（粹更 游中川）

推荐要点
- 汇集了面向众多年龄层的礼物
- 还有数量繁多的可爱小礼物，最适合作为随心小礼赠与友人

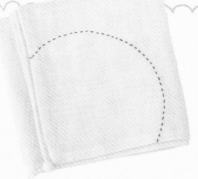

棉盾毛巾被（P33）

衣架（P117）

印伝彩绘眼镜绳（P107）

SHOP DATA

奈良县奈良市元林院町 31-1（游 中川本店）
0742-22-1322
涉谷区神宫前 4-12-10 表参道 hills 本馆 B2F
（粹更 表参道 hills 店）
03-5785-1630
http://www.yu-nakagawa.co.jp/
* 另外在全国设有分店
web shop：http://www.rakuten.ne.jp/gold/kisara

小鹿回形针（P101）

奈良县奈良市元林院町
31-1（游 中川本店）

那些经常光顾的喜欢的店铺，如果有积分卡，请一定记得办理。

每次购物，都会积累一点积分，终有一日可以给自己购买奖励品。

其中我比较喜欢中川政七商店的积分卡。

不仅设计好看，还有众多特典。

放在钱包里，便是一张赏心悦目的卡片。

伊东屋的 merci card 用于购买想要珍藏的包装素材。

在给乐于享受手工制作的朋友推荐的 PAPIERIUM 也能使用。

FUMI 酱

秋天的落叶真美呢.

啊, FUMI 酱, 把它带回家吧.

这片叶子没有被虫子啃噬的痕迹, 很漂亮呢.

祝你生日快乐!

哇, 就像制叶卡片一样, 真棒!

在叶子上试着写一句祝福的话.

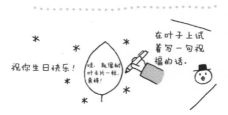

我要把它夹在送给朋友作生日礼物的书里. 谢谢你.

真好, 真好.

FOR YOU!

第2章

**正因为是我喜爱之物
所以也希望你能使用它**

礼物分享篇

每日理所当然购入的，以及随心所欲使用的，都是长久以来自己喜欢的。
即便并不抢眼，即便看上去很朴素，即便稍微显得有点奇特，
却因为是自己一直喜欢并使用的物品，所以有自信将它们分享给朋友。它们都是和我日日生活在一起，染上了我的色彩的共享之礼。

所谓おすそわけ（御裾分け）
就是将自己收到的部分礼物
分享给朋友或认识的人。
也称之为有福同享。

给 NATSUKO

这是本季的新鲜水果，

分享给你

虽说包装方式与往日相同，但只需用
绳子绕一圈，给人的印象便迥然不同。
　　若是改变绳子的素材和颜色，那么组
合时也会感觉很快乐。

独立包装的物品

将它们分成一小份一小份，
不仅干净卫生，
而且包装起来也很简单，
可谓一举两得。

APPLE TEA

如果中身的包装袋很漂亮
送给朋友就再好不过了

易于保存的物品

可食用昆布。
可以的话请品尝！

易受潮的物品，要在其中放
入干燥剂。

不带异味的干燥
剂可与之放在一起，
很方便。

生鲜物品或需要冷冻储存的物品，
要在其中放入冷冻剂，
立刻储存。
不过尽量选择能够常温储存的礼物
比较好。

粉末状等易散物，
要用两层袋子包装。

或是放入
瓶罐里。

分量适中的物品

不多不少的量刚刚好。
要注意不论是外观还是心理上，都不给
对方增添负担。

比如…

轻便的物品

手掌大小的物品

即便放入包里，也不会感觉
太沉的物品

分享礼物的重要一点是，
不要勉强，也不要逞强地迈出最初的一步。
首先，从这些物品开始尝试吧。

决定正式
分享给朋
友的礼物

手边应该有这样的物品：这
个东西家里绝对应该储存的呢。
当然，不是那么贵重的物品
也 Ok。

就我个人而言…

想要小小奢侈一番
时会派上用场的
山药昆布。

想买好物时
习惯性选择
的大豆

大豆

各种茶和咖啡
（一人份）

上面这些喜欢的东西，
是自己在超市打折的某天
稍微多买的。
它们便是我想要和朋友分享的礼物！

一点一点组合起来的共享之礼

决定了正式要送出的礼物后，再与对方的喜好，与送礼很搭的别的物品相结合，便大功告成啦！

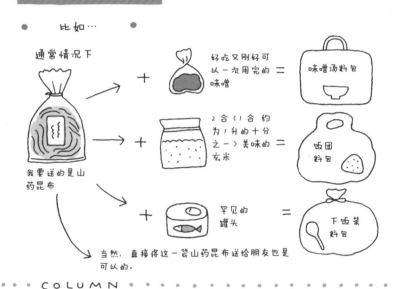

● 比如…

通常情况下

+ 好吃又刚好可以一次用完的味噌 = 味噌汤料包

我要送的是山药昆布

+ 2合（1合约为1升的十分之一）美味的玄米 = 饭团料包

+ 罕见的罐头 = 下饭菜料包

当然，直接将这一袋山药昆布送给朋友也是可以的。

• • • • • COLUMN • • • • •

在外出的地方，购买纪念品时…

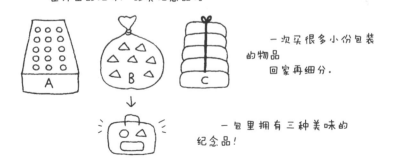

A B C

一次买很多小份包装的物品回家再细分。

一包里拥有三种美味的纪念品！

如同汇报自己的近况一样，
将最近自己喜欢的也试着分享给朋友吧。
顺便一说，我个人是这么做的…

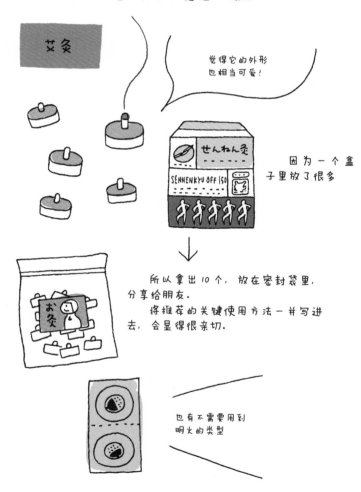

艾灸

觉得它的外形
也相当可爱！

せんねん灸

SENNENKYU OFF 150

因为一个盒
子里放了很多

お灸

所以拿出10个，放在密封袋里，
分享给朋友。
将推荐的关键使用方法一并写进
去，会显得很亲切。

也有不需要用到
明火的类型

意面酱

最近很喜欢 KEWPIE 的业务用（简易包装）意面酱。

所谓的业务用，是指如同工作用品一样。
品质非常有保证，good！
我是在成城石井发现的呢。

因为可以啪地掰开
一次用完…
推荐给独居的朋友使用。

做成加西葫芦的意面，会很好吃哦！

分享礼物的好处在于，
即便是有些奇特的物品，
因为分量很少，
也不太会给对方增添困扰（个人认为…）。
也推荐分享香气稍微浓烈或是个性十足的礼物。

熏香

香草茶等

不论是谁都会经常食用，且很少挑剔的礼物有这两样。

因为自己有不少机会一次性收到很多，所以它们很适合与朋友分享呢。

大米

当收到朋友送来的新米或玄米、杂谷米等让人有些在意的大米时。

这时候，就分享一些给朋友吧，分量适合对方就好。

我个人通常分出 2～3 合。

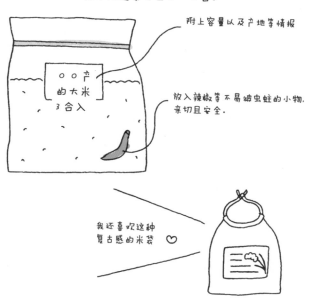

附上容量以及产地等情报

○○产的大米 3合入

放入辣椒等不易被虫蛀的小物，亲切且安全。

我还喜欢这种复古感的米袋 ♡

水果

　不耐放的物品，虽说有些适合与朋友分享，而有些不适合。

　但是包装起来常常让人很开心的水果，也是我想要和朋友分享的呢。

　因为随手就能拿来吃，所以也不怎么挑剔赠送对象。

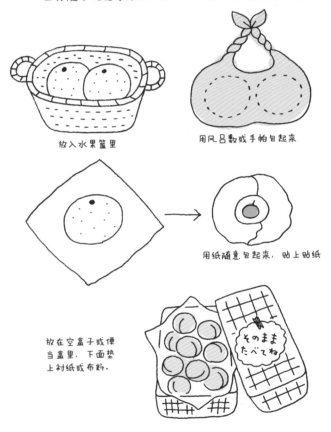

放入水果篮里

用风吕敷或手帕包起来

用纸随意包起来，贴上贴纸

放在空盒子或便当盒里，下面垫上衬纸或布料。

そのまま
たべてね

当购买了稍微有些在意的干货时。

虽说一次用不了多少，但作为知名配角而购买了它们时。

不如将之和推荐的菜谱一道分享给朋友吧。

高汤 调味料

鲣鱼片搭配乌冬面！

每当去喜欢的乌冬面店时，总会买一些鲣鱼片作纪念品带回家。对我而言，它们是稍显特别的鲣鱼片。开封后，会尽早分享给朋友。

若是外观漂亮的瓶子，会想要二次利用

盐！

这是作为纪念品或赠礼经常有机会入手的物品之一。

注意到的时候，手头已经有了不少品牌的盐，国内的，国外的，各种各样。

可以在其中放入香草或调味香料，制作成色泽亮丽外型美观的礼物，分享给朋友。

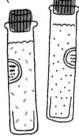

萝卜干

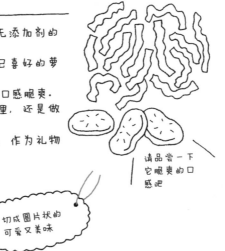

去蔬菜市场或食品无添加剂的店购物时，

往往会看到符合自己喜好的萝卜干，

不仅粗细合适，而且口感脆爽。

不论是加入玉子烧里，还是做成沙拉都很美味。

因此可以附上留言，作为礼物分享给朋友哦。

请品尝一下它脆爽的口感吧

切成圆片状的可爱又美味

豆类

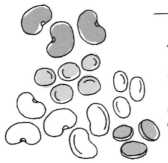

由于一次用不完整袋，所以分一半给朋友。

喜欢咖喱的朋友，就送给对方与咖喱很搭的鹰嘴豆。

如果是制作沙拉或汤，那么送给对方各种豆子集锦也会显得很可爱。

干货类食物里，有些是开袋即食的，很受小孩子和喝酒朋友的欢迎，而且它们还有益健康！不过为了防止暴饮暴食，分享的量要控制。

因为是直接食用的物品，
所以挑选的时候会格外注意。
常常会去食品无添加剂的店购买。

干果

因为色泽亮丽，
所以通常放入透明的袋子或瓶子里。

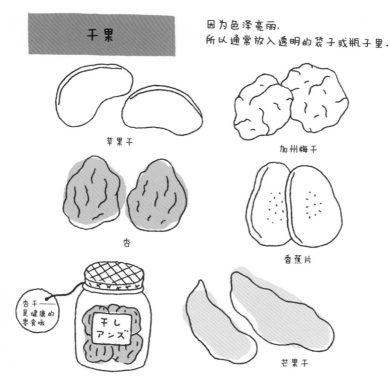

苹果干

加州梅干

杏

香蕉片

杏干
是健康的
零食哦

干し
アンズ

芒果干

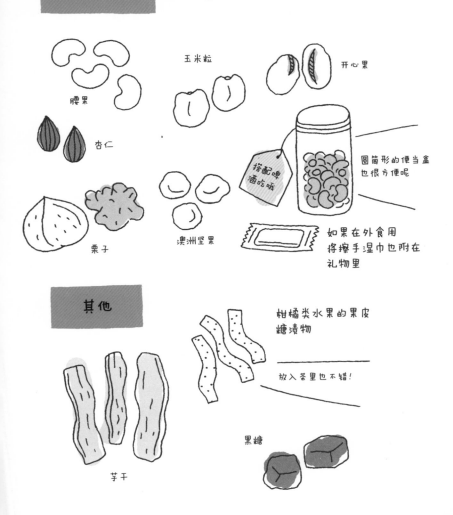

坚果类

因为自己对酒类并不精通，所以通常在礼物里点缀一些下酒的坚果。

玉米粒

开心果

腰果

杏仁

搭配啤酒吃哦

圆筒形的便当盒也很方便呢

栗子

澳洲坚果

如果在外食用将擦手湿巾也附在礼物里

其他

柑橘类水果的果皮糖渍物

放入茶里也不错！

芋干

黑糖

在老家吃惯的亲切味道，
即便不是什么稀罕物，
也能变成只有我才会赠送的共享之礼呢。

 我自己的情况是…

来自我的老家 逗子

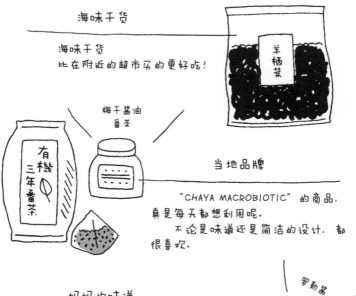

海味干货

海味干货
比在附近的超市买的更好吃！

梅干酱油
番茶

当地品牌

"CHAYA MACROBIOTIC" 的商品，
真是每天都想利用呢。
　不论是味道还是简洁的设计，都
很喜欢。

罗勒酱

妈妈的味道

这是熟知我口味的妈妈
才能制作出的味道

蔬菜

菠菜

洋葱

婆婆会定期给我们送
来她种植的蔬菜。
趁着蔬菜还新鲜，
可以用报纸包起来，
分享给朋友。

万愿寺辣椒

萝卜

果酱

公公会将水果做成果酱寄给
我们。
将果酱装入小容量的瓶子里，
分享给朋友。

金橘皮
果酱

李子
果酱

年糕

临近正月便会亲手制作的年糕。
有虾仁，豆子，昆布等五颜六色
的样子，可爱又美味。

记得在烤面包机里烤
一下再吃，
一开始要不蘸酱油直
接食用哦！

那件东西被自己理所当然地使用着，
并毫无察觉。
　正因为长久使用，且十分喜欢，
才会有自信将它推荐给朋友。

| 布巾 |

见包装篇 P43
已经介绍过的白雪布巾。
　当然直接将它送给朋友，也是很棒的
共享之礼呢。

也有简洁清
爽没有花色
的款式

叠起来系好

裹成卷状

放入信封里

沐浴剂

乍看之下，是专送给女性的礼物，
其实不论男女，大家都很喜欢泡澡呢。
相比沐浴液，还是浴盐更方便赠送，因此建议
大家选择后者。

我通常会根据浴
盐的不同效果而
使用好几种…

在袋子或瓶子里，分别放入
足够一次使用的分量，
组合起来分享给朋友。

BATH
SALT

购买时得到的试用品，
糖果一般的迷你浴球也适合
分享给朋友。

一次性购入一定量的杂货，适合分享给朋友。

与学校的朋友，公司的同事交换彼此喜欢的小物也很开心呢。

便签

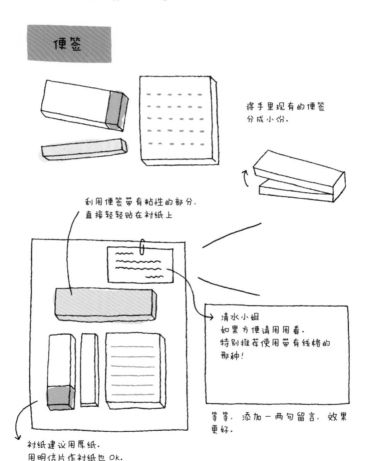

将手里现有的便签分成小份。

利用便签带有粘性的部分，直接轻轻贴在衬纸上

清水小姐
如果方便请用用看。
特别推荐使用带有线格的那种！

等等，添加一两句留言，效果更好。

衬纸建议用厚纸。
用明信片作衬纸也 OK。

贴纸

从工作款到可爱款应有尽有。

推荐在衬纸上留有余白，这样剪裁起来更方便。

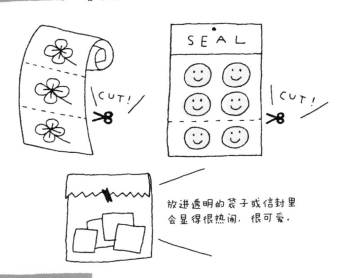

放进透明的袋子或信封里会显得很热闹，很可爱。

夹子类

放入各种造型奇特的小夹子，做成令人开心的夹子组合。

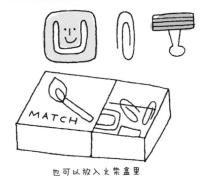

也可以放入火柴盒里

这是分享给你的哦！

直接夹在衬纸上

如果是平整的纸张，送给对方时会
很方便，
　　还很容易附加别的东西。
　　另外，也有一些报纸杂志类刚好迎
合对方的喜好呢。

免费报纸
PR 志

平凡社
『月刊百科』

钱汤 magazine

月刊百科

正好在乘电车途中
或泡澡时阅读呢！

1010

恰如其分的阅读体验是这本小册子的优点。
送给喜欢阅读的朋友的是出版社发行的 PR 志，
至于刊载了城市最新情报的钱汤免费 magazine，
则给了喜欢散步的那位朋友。

分享希望让对方知道、阅读的书本

推荐朋友了解的展会情报,
可以送给喜欢艺术的朋友。
单纯以"因为它很可爱!"为理由
也可以赠送哦。

购物卡

如果觉得好吃,
回家前会将那个人的份也买了。
搜集对方喜欢的品类,
集成数枚分享给朋友。

•• C O L U M N ••••••••••••••••

最近能够邂逅店铺原创的火柴盒
的机会骤减。
　　不过还是觉得它是富有魅力的宣
传方式。

收到后令人感觉开心的赠礼

纪念品篇

① 纳西文字的印章

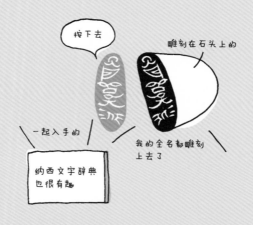

按下去

雕刻在石头上的

一起入手的

我的全名都雕刻上去了

纳西文字辞典也很有趣

　　这份礼物是 L 前辈在中国云南省旅行时买来送我的纪念品，我的名字被雕刻上去，做成了印章。

　　它是来自中国的纪念品，虽说印章本为常见的小物，但由于用纳西文字雕刻，所以和普通的印章完全不同。而且，明明是司空见惯的自己的名字，却拥有某种不可思议的新鲜感，似乎不再是自己所熟知的它。我很喜欢它那种类似记号的感觉。

　　再一次，我深深地体会到，世界各国的语言和文字，真是既有趣又魅力十足。

② 甜甜圈店的帽子

这是店里的工作人员戴着的那种帽子

EAT Krispy Kreme DOUGHNUTS

旅行达人 H 小姐是位挑选赠礼、纪念品十分老道的姐姐。

总是凭借她独特的审美品味为我们挑选礼物，将惊喜一起奉上。

有一次，出现在海外旅行纪念品的信封里的礼物是，当时日本还不曾出现过的甜甜圈店的店员帽子。我不清楚帽子的由来，不知道是不是她拜托店里的工作人员送的，总觉得是非常迷人的一份纪念品呢！

对于偏爱甜食的我来说，它是让我无比兴奋的礼物。我想，尽管这不是立刻就能派上用场的物件，却因为散发着旅途的气息，也是非常有意义的呢。

我的赠礼日历·正式篇

● 贺年礼

自从离开老家独自生活，会亲自购买的一件礼物就是贺年礼。其中，我会买的款式是新年头三天拜访亲戚时可以亲手交给他们的。为此，准备的贺年礼物通常注入了我的问候之情，却也绝不会给对方造成负担。预算大概在1000日元左右。

易于日常保存的，常温下可随身携带的点心，

不论男女老少皆可食用的下饭菜，

吉祥物或与生肖有关的礼物。

首先决定上述几类适合用作贺年礼的主题，再据其进行挑选。

尤其是日本桥"SARUYA"的盒装点心木签，盒子上绘有生肖图案，文字也比较大，看上去喜庆又精致的包装深得我心。

这便是我会多买一份自用的中意的贺年礼。

打开包装后给人的
第一印象也很重要

● 中元节 岁暮

第一次送朋友中元节和岁暮礼时，我可是相当苦恼的。后来还是凭借决定赠送的主题才解决了问题。每次尽量从几个主题里挑选，备用选项也经过一番筛选，感觉会稍稍不那么费力。

送给平日里受过他们关照的手工艺人夫妻的礼物是，晚饭时品酒用的套装。挑选产自丈夫的老家，福井县的酒作为候补，再和精通此道的朋友商量后选定最终要送的礼物。

送给某位人脉很广，又博闻强识的朋友的礼物，风味绝佳自是首要标准，其次得再花费一点心思。比如若是送点心，最好是原材料比较少见，或是在旅行目的地的店铺里发现的当地限定商品。

我曾经收到过朋友赠送的"patisserie potager"的蔬菜制作的点心，感觉非常开心。

设计简洁的优美外观

● **自家庆祝**

关于收到贺礼后的回礼，不管挑选多少次，我也会感觉很为难。

收到结婚贺礼时，作为自家庆祝用的礼物，挑选的是福井县的昆布店"奥井海生堂"的套装包。每次都会根据对方的喜好搭配组合套装包里的小物。要看对方是要喝酒的朋友呢，还是家庭成员众多的朋友，或者是喜欢制作料理的朋友等等。

昆布是适合庆祝用的礼物，所以和自家庆祝非常搭。

而且我们这边的店铺，是将昆布用非常漂亮的越前和纸做的盒子包装的，对于喜欢漂亮包装盒的朋友而言，应该会非常开心吧。

盒子也一定要使用哦

FUMI 酱

我 和 MIKI 酱去公园哦

慢走!

啊，那个金平糖好好吃呢…

FUMI 酱，要迟到了哦？

将脆煎饼和巧克力也放进去…

看! 我的特制零食包!!

名字取得太夸张啦，不过蛮好的哟

第3章

开心地选择礼物
自己的心意也能传达给对方

购物篇

为商店里陈列的漂亮商品而欢欣鼓舞。
买到的东西。
适合的东西。
好看的东西。
中意的东西。
关于那个人的各种关键词浮现在脑海。
让这样那样的想念萦绕心间而度过的挑选时光，
果然令人快乐。
怀抱着那样的情绪选中的礼物，一定都是
绝妙的赠礼。

在工作的余暇使用它
能让心情放松哦
推荐！

作为随心而赠的礼物，便于亲手交给
对方的尺寸是最适宜的。
　　不过偶尔也送一送大的礼物，令对方
大吃一惊如何？

面包点心

ANTIQUE
天使的巧克力面包圈
M size（直径 18cm）
500 日元

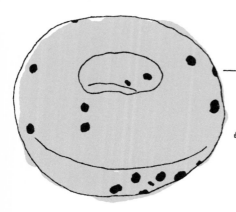

如同面包一般，
如同甜点一般…
　　一口吃下去，是会令人上瘾
的口感。
因为可以冷冻保存，
送给独居的朋友也 OK。

如果集齐30枚这种标签，
就可以换一个 M size 的巧
克力面包圈！

ChocoRing
④ANTIQUE

水果

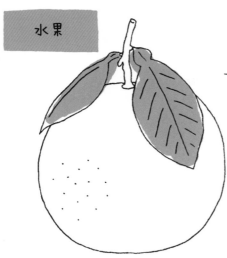

晚白柚
约 1600 日元

水果中个头尤其大的是晚白柚。

首先把它装饰起来当它散发出诱人香气的时候，就代表适合享用了。

作为冬季的赠礼。

水果专门店购入。在熊本县的新品试卖店发现的。

外面的一层果皮相当厚实。
泡澡时加入浴缸里也 Ok。

豆腐

小野食品
NAGORI 雪 2500 日元

分量十足的沉甸甸的盛装豆腐。

家庭聚会上代替蛋糕出场也很适合。

自古传承的吉祥物，大多拥有不错的外形设计。
特别推荐将之作为庆祝贺礼。
挑选独一无二的幸运形象也很不错呢。

鲷鱼

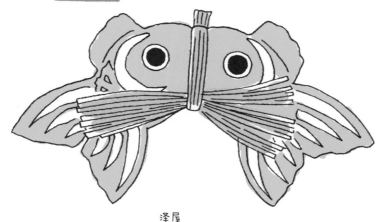

泽屋
祝鲷
小：1365 日元
中：2835 日元

说起庆贺之喜，最常想起的要算"鲷鱼"了。
　拥有漂亮红色，相亲相爱面朝彼此的一对鲷鱼
真是非常美丽。
　特别推荐用作新婚贺礼。

鲷鱼之二

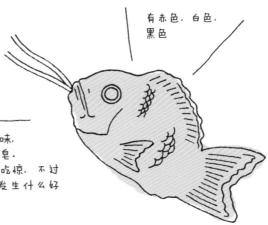

有赤色，白色，黑色

美肌香皂
welcome soap
2520 日元

散发着似有若无的香味，设计为可供悬挂的香皂。
其大小、重量都让人吃惊，不过它的身影总让人感觉会发生什么好事呢。

• • • COLUMN • • • • • • • • •

不仅可用作贺礼，
合格祈愿、安产祈愿等包含祝愿的赠礼，都建议选择它哦。

可随身携带的四叶草
210 日元

刚好握在手心的大小，
以四叶草为设计灵感的硬币。
可代替守护符。
如此适度的赠礼也是一件好物呢。

随时装在包里的物品。
正因为是经常会用到的，
所以让我们来试着挑选一些让每一天
都会变得些许开心的物件吧。

手帕

HIBONO KODUE
手帕
1050 日元

不论色泽还是图案，都
是令人喜悦的组合。
是可以让整整一天都变
得快乐的手帕，NO.1 !

KAMAWANU
"watu" 手帕
525 日元

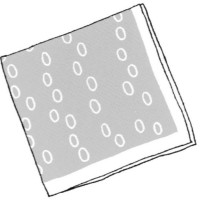

使用了手感良好的棉纱
素材。
沉静的和风色彩与简洁
又有品位的设计非常棒。

钥匙套

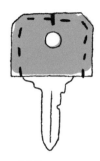

fog
皮革钥匙套
263 日元

虽说使用它的人并不多，
然而用着却很方便。
送给展开新生活的朋友。

回形针

可以作为营养
药片的包装盒
使用

丰岛屋
鸽子回形针 600 日元

思考用完后包装盒的使
用方法也很有趣。

Toshimaya

游中川
小鹿回形针 840 日元

作为包装或留言卡片的点缀使用

这边的回形针
放在瓶子里会
很可爱

细微却便利的可爱之物。

魅力之一是，作为随心送给朋友的小礼物，它的尺寸刚好合适。

按摩用品

MARKS&WEB
枫叶按摩木片
315 日元

想要使用的时候，不论何时何地都可以用上的尺寸。

令人留恋的轮廓，被它闲适的形状治愈了。

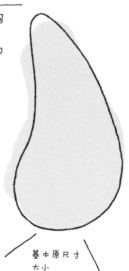

把讲解穴位按摩的书，与按摩精油组成套装 good！

基本原尺寸
大小

印章盒

印传屋
印伝 印章入
1260 日元

附有印泥这点非常
便利。
　　好好挑选图案的话，
　　似乎也有适合送给
男性的呢。

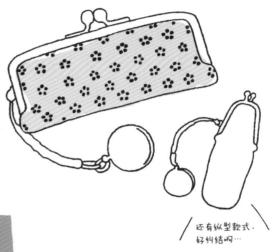

还有纵型款式，
好纠结啊…

唇膏

naiad
蜂蜡唇膏
1050 日元

用手涂抹的唇膏。
　　不论是木质唇膏盒还是蜂蜡唇膏本身，
都是纯天然风格。

唇膏盒是棕色的，
非常有魅力！

在毫不起眼的细节之处也用尽心思，
会让心情变得莫名轻快。
若对方是注重仪容的女性，
便送给她们这样的时髦小物吧！

护手霜

欧舒丹
牛油果护手霜
30ml 1050 日元

恰如其分的甘甜香气与舒畅的
使用体验，
会让心情变得很不错。

朴素的外观设计
也好看！

指甲油

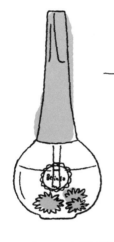

Belinda
指甲油 玫瑰色
840 日元

不仅要注重指尖的护理
还要用芬芳的气味来治愈自己

推荐送给容易
疲劳的女性

天然香氛

SAVONNERIE
助眠香氛 薰衣草
1680 日元

轻轻喷在卧室的亚麻质寝具上，
似乎便会做个好梦呢。
还能喷在熨斗上使用，
适合送给常做家务的朋友。

BRUME D'OREILL
LAVANDE-OLIVE
olive-lavander

不太沉的礼物，可以放在信封里送给朋友。

和书信一道，将这些小小的礼物用和纸或复写纸轻轻包起来寄出去。

易折的小物记得添加衬纸哦。

书签

COCHAE
木偶书签
525 日元
（5 枚装）

木偶们不可思议的存在感非常有魅力。

不仅可以夹在书里，

还可以夹在手帐中，非常可爱哦。

CINQ
眼镜书签
682 日元

知性又透着玩心的书签。

适合送给男性作礼物。

眼镜绳

游中川
印传彩绘眼镜绳
1365 日元

色彩沉静的绳子与印传的优质皮革的组合很妙。

建议送给年长的朋友。

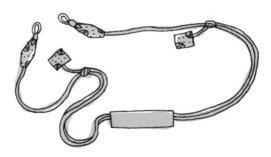

书衣

SOUSOU
伊势木棉
手帕书衣
1500 日元

手帕般的舒爽质感非常棒。

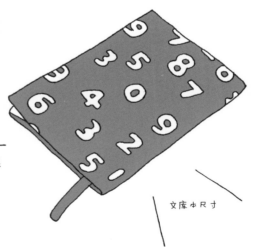

文库本尺寸

请在用餐或工作，家务的闲暇时间享用它们。

一杯一杯的独立包装，能为我们创造一段放松的时光。

咖啡

smart 咖啡
纪念品用 过滤式咖啡
100 日元

它纯净的美味和绝妙的包装设计，

让人不由得想要赠送给朋友。

若是想要让礼物变得特别一些，

那么与马克杯组成套装赠送给朋友会很不错哦。

如果与咖啡店的独家原创马克杯组成套装，
会有置身咖啡馆的心情呢！

巧克力饮料

ARISTEA
CHOCOLATE SPOONS
399 日元

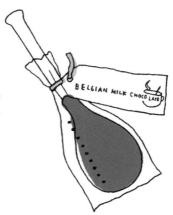

　在注入了热水的马克杯中，将它和勺子一起放进去，搅拌过后便是一杯比利时风味的巧克力饮料。

　是很受孩子们欢迎的一款零食。

汤料包

不宝屋
宝之麸 清汤料包
179 日元

　注入热水后，啪地华丽散开，香气扑鼻。

　试着送给习惯带便当的朋友吧。

放在漂亮容器里的礼物，当被愉悦地美味地使用之后，

不同的人能凭借不同的创意继续使用它。

是一件让人可以长久享受它乐趣的礼物呢。

圆罐

THEOBROMA

鱼子酱

1575 日元

包装盒是偏成熟风的可爱路线

非常适合用来装耳环或常备药等随身小物。

里面也可以装小颗粒状的巧克力。

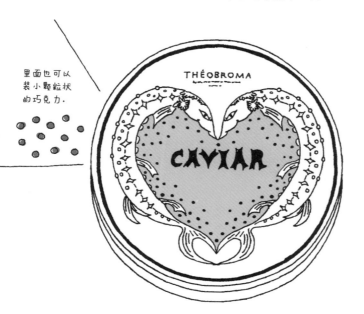

带有盖子的陶器

PARK HYATT 东京
猪肉酱
1800 日元

不用说大家也知道，它是一款非常高人气的纪念品。
　希望在看得到的地方使用它。
　下午茶时间，作为糖罐使用活跃度也很高呢。

其他肉酱罐的图案
也很可爱的！

茶罐

柳樱园茶铺
雁金培茶 金
126g 1050 日元

这个茶罐不仅可以用来装培茶，也适合装香草茶或中国茶。我则是将它作为笔筒使用。

在选购赠礼时，不由自主就会将手伸向白色的物件。

觉得将它作为礼物，不管送给谁，看到这个颜色后都会很开心。

仅仅为着这个缘故，在挑选礼物时便会格外在意它。

密封盒

野田珐琅
白色系列
矩形深型
S：1155 日元
M：1680 日元
L：1890 日元

若是揭开盖子，可以直接放在火上加热食品，这是珐琅的一大优点。

除了用作食品保存，我还用来储存绳子或礼品袋，纽扣等小物。

毛巾

垣谷纤维
白雪深海鲛鱼保湿毛巾
常规尺寸 1365 日元

不仅可在洁面沐浴时使用，
将它盖在枕头上入睡，第二天早晨会感觉肌肤湿润，让人会心一笑。
这是生产商传授的秘密使用方法哦。

器皿

出西窑的圆钵 小 白 1785 日元

温润的白色圆钵，不会显得过于素净，也不会对料理本身造成影响，拥有恰如其分的存在感。

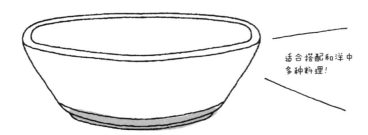

适合搭配和洋中多种料理！

适合送给最近容易疲倦或者可能患了感冒的朋友。

不单在寒冷的季节，能带去温暖的物品总是让人感觉安心的礼物。

注入"请放松情绪"的心情，送给朋友吧。

生姜制品

TAKESANFOODS
美味生姜 347 日元

可以作为下饭菜，也可以放入饭团里的生姜海味烹。
与大米组成套装送给朋友也不错。

推荐赠送糖浆或果酱等食用起来
较为方便的物品。

沐浴剂

喜欢这种简洁的包装袋

KNEIPP
浴盐 40g
薰衣草 薄荷
各 158 日元

魅力之一是在药妆店也能轻易买到。
选择对方喜欢的效果和香味哦。

袜子

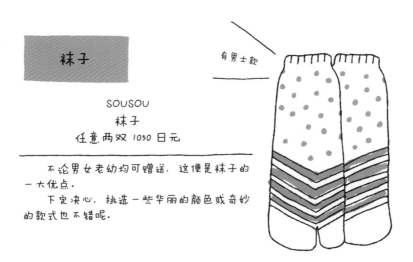

有男士款

SOUSOU
袜子
任意两双 1050 日元

不论男女老幼均可赠送，这便是袜子的一大优点。
下定决心，挑选一些华丽的颜色或奇妙的款式也不错呢。

若赠送的是不论哪家哪户都有的物品，那么不论如何，创意是决定胜负的关键。

不过分奇特，但是可以让对方发出"哦"的惊叹的东西就很好。

垃圾桶

DRILL DESIGN
TRASHPOT
1134 日元 1659 日元
（根据颜色不同 价格略有差异）

因为是纸质的，所以非常轻便。
而且，即便套上塑料袋，外观也会显得很清爽。

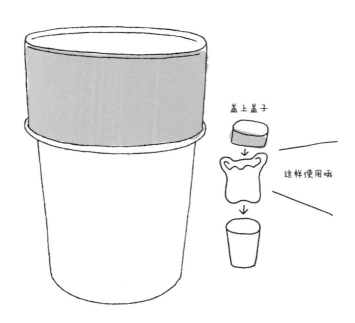

盖上盖子

这样使用哦

衣架

粹更
毛巾架
1260 日元

一般作为主人回赠给客人的礼物,
实际上作为赠礼也很适合。
拥有圆圆的外形,总觉得看上去很吉祥呢。

环保袋

kna Plus
环保袋
2625 日元

作为环保袋这个价格算是小贵。
不过,袋子的原材料都是可以分解于土壤的,
真可谓"环保"的手提袋啊。
这种具有故事性的一面也是推荐的重点呢。

也很适合搭
配和服!

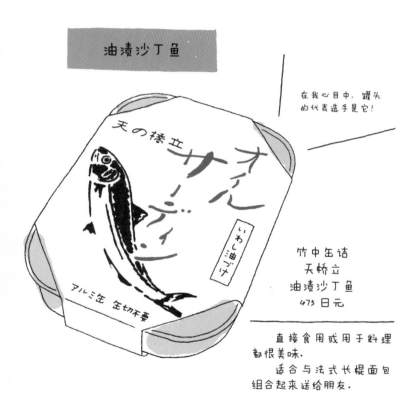

乍看之下不起眼的存在，其实罐头才是珍品＆优质设计的宝库。

拥有复古氛围之物，让人会心一笑之物，深奥之物……决定了主题后再细细挑选吧。

油渍沙丁鱼

天の橋立
オイルサーディン
いわし油づけ
アルミ缶 缶切不要

在我心目中，罐头的代表选手是它！

竹中缶诘
天桥立
油渍沙丁鱼
475日元

直接食用或用于料理都很美味。

适合与法式长棍面包组合起来送给朋友。

鳕鱼子

FUKURAYA
FUKURAYA 印 鳕鱼子
525 日元

适合作为下饭菜的商品,
外观也极具冲击力。
是非常具有话题性的一款。

橘皮果酱

光国本店
夏柑橘 橘皮果酱
788 日元

在水果系的罐头食品里,
它是稍微有些特别的一款。
做成茶非常美味。
就我个人而言,很喜欢它这种古典
的标签设计。

收到后令人感觉开心的赠礼

私人篇

① 松软的铜锣烧

铜锣烧真是单看外表就会觉得十分美味呢

　　想要隐藏什么，这是来自丈夫的初次赠礼，铜锣烧。两人一块儿外出的某日，刚到家，丈夫就将铜锣烧递给了我，它又大又沉，还很松软。就像漫画里才会登场的那一款。

2 一册记事本

白色的纸张变
得有些发黄

　　这是非常私人的一款小物，是在我出生时，由父亲和父亲的朋友共同书
写的。

　　20 岁成年后，它第一次被交到我手中，里面还夹有一张留言条，收件
人写着我的名字。

　　这本记事本里，记录了来自我从未邂逅的人们的赠予之物，或是短短的
一句祝福，让人忍不住扑哧一笑的趣事等等，它们都是格外珍贵的言辞。

　　结婚后我离开了老家，也是那时候得到了它，于我而言，它是守护符一
般的存在。

我的赠礼日历·家人篇

● 双亲的纪念日

父亲节、母亲节、结婚纪念日以及生日。

意外的有很多机会送给父母礼物呢。而且不局限于生日，总觉得一年里有一次是需要正式送给父母礼物的日子。

思索着送什么样的礼物好呢，平日里也会从对话或邮件里尽力调查。

有什么礼物送到了哦，这一点总是令人期待的。

送给经常开车的公公的礼物是，便于穿着的驾驶专用鞋以及工作中会派上用场的电脑相关物品。

送给我父亲的礼物是，狗狗的散步用品或西装，还有可以一起去看的棒球比赛的门票。

送给喜欢做手工的婆婆的礼物是，毛线和可用来存放手工艺品材料的小箱子和盒子，不论什么季节都可以轻松使用的棉麻材质的披肩。

送给酷爱餐具的母亲的礼物是，她喜欢的手工艺者的作品，每年一件。另外，我觉得工作用的皮革小物也不错。

顺便一说，结婚时给双亲的赠礼也有很多。

比如憧憬的水果店千疋屋总本店每个月都会举办面向会员的发布会，将应季的新鲜水果寄送给会员。于是我会把12个月里收到的水果都送给父母。并非一次全部送出，而是一年里分12次，每个月都挑一种送出。然后我就会收到来自父母的电话或邮件，说这个月我们收到了这个哦，还能借此主动和父母进行交流，这一点也很值得推荐呢。

● 省亲纪念品

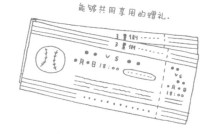

能够共同享用的赠礼。

由于我的老家就在东京附近，因此平日里回老家很频繁，而回丈夫老家省亲就相对较少，大概每一季有一次，因此一年总共四次。

由于没法常常见面，就想更加用心地挑选省亲纪念品。就我个人而言，我们回老家后依然可以共同享用的美食，待我和丈夫回东京后，两老也能开心享用的礼物。

满载了上述二者的礼物才是最理想的。因此，对于那些保质期较短的食物，不论别人如何推荐，不管怎样美味，我也会尽量避开。如果是夏天，我会选择好吃的意大利冰淇淋或 sherbet，配合我们的归省日期寄出去。如果是冬天，则会选择一小份一小份独立包装的饼干组合包。在大家共同品尝零食的时光，围绕那些纪念品也能聊上许久。吃剩下的部分可以留待日后慢慢享用。对，就是如此，不多也不少，我认为考虑到这一点再进行挑选也是非常重要的呢。

挑选礼物时，控制糖分也是要点

FUMI 酱

好多柑橘啊！！

柑橘

FUMI 酱，那么多柑橘，你打算用来做啥？

这个啊，我打算送给外婆呢

用凤吕敷来包柑橘，真是个好主意！

对吧？不过啊，可不只是这样哦

[MI]KAN（柑橘的日文发音）这样才组成了 FUMI 套装哦！！

哦哦！你还真是深思熟虑呢！

[FU]ROSIKI（凤吕敷的日文发音）

诶哼

后记

脑海中一边浮现那个人的身影，一边挑选、包装、赠送。
虽然是小小的礼物，不起眼的礼物，那份喜悦之情却很大很大。

这一册书里充溢着"赠予"时刻的幸福心情。
很高兴您能自由灵活地运用它。

MEDIAFACTORY 的羽贺千惠小姐
设计师石松 AYA 老师
摄影师加藤新作先生
非常感谢你们开心地为本书的制作给予了各种帮助。

另外，喜爱赠礼的各位朋友
与本书相关的所有朋友
真的衷心感谢大家。

2010 年 樱花盛放之日 YUZUKO

图书在版编目(CIP)数据

小小的幸福手作 /（日）YUZUKO著；廖雯雯译. ——
南昌：百花洲文艺出版社，2018.5
ISBN 978-7-5500-2796-1

Ⅰ. ①小… Ⅱ. ①Y… ②廖… Ⅲ. ①手工艺品–制作
Ⅳ. ①TS973.5

中国版本图书馆CIP数据核字(2018)第080188号

江西省版权局著作权合同登记号：14-2018-0071

TANOSHII CHIISANA OKURIMONO
©Yuzuko 2010
First published in Japan in 2010 by KADOKAWA CORPORATION, Tokyo.
Simplified Chinese translation rights arranged with KADOKAWA CORPORATION, Tokyo through
CREEK & RIVER Co., Ltd.

出 版 者	百花洲文艺出版社
社 址	江西省南昌市红谷滩世贸路898号博能中心20楼　邮编：330038
电 话	0791-86895108（发行热线）　0791-86894790（编辑热线）
网 址	http://www.bhzwy.com
E-mail	bhzwy0791@163.com
书 名	小小的幸福手作
作 者	YUZUKO〔日〕
译 者	廖雯雯
出版人	姚雪雪
出品人	肖　恋
特约监制	徐有磊
特约策划	肖　恋
责任编辑	袁　蓉　兰　瑶
封面设计	Pluto.L
经 销	全国新华书店
印 刷	大厂回族自治县德诚印务有限公司
开 本	880mm×1230mm　1/32
印 张	4
字 数	100千字
版 次	2018年5月第1版　2018年5月第1次印刷
定 价	39.80元
书 号	ISBN 978-7-5500-2796-1

赣版权登字：05-2018-183